MATÉRIAUX

POUR LA

CARTE GÉOLOGIQUE

DE L'ALGÉRIE

MM. POMEL ET POUYANNE, Directeurs

1re SÉRIE

PALÉONTOLOGIE. — MONOGRAPHIES LOCALES

ALGER

IMPRIMERIE DE L'ASSOCIATION OUVRIÈRE, P. FONTANA ET Cie.

1885

N° 1.

LES ÉCHINIDES

DU KEF IGHOUD

AVERTISSEMENT

L'immensité des recherches nécessitées par l'exécution d'une carte géologique embrassant de vastes régions comme celles qui constituent le sol algérien, la mise en œuvre lente et pénible des matériaux accumulés, les découvertes incessantes de faits nouveaux qui ne laissent jamais espérer que les matériaux soient à peu près complets pour chaque série et surtout pour l'ensemble, telles sont les causes principales qui ont fait sans cesse ajourner la publication systématique et unifiée de travaux considérables que des causes fortuites laissent trop souvent ensuite inachevés et même perdus, au grand détriment de la science et de la mémoire des savants qui y ont consacré quelquefois leur vie entière.

Nous avons pensé qu'il serait utile de publier dans une double série de monographies, l'une pour la paléontologie, l'autre pour la stratigraphie, les résultats les plus importants des explorations et des études à mesure qu'ils seront acquis, ainsi du reste qu'il sera procédé pour la carte géologique détaillée dont les feuilles devront être livrées au public au fur et à mesure qu'elles auront été levées et imprimées.

Il nous a paru que ce mode de procéder était plus propre à donner satisfaction au désir bien légitime de nos collaborateurs de bénéficier de la notoriété scientifique qui pourra résulter pour chacun de la valeur de leurs travaux particuliers, en même temps qu'il assurait à la science, c'est-à-dire au public et à l'État qui donne les crédits nécessaires, la conservation de documents précieux qui ne sont acquis que par suite de sacrifices considérables de temps, de peine et d'argent.

Les Directeurs,

POMEL. — POUYANNE.

LES ÉCHINIDES DU KEF IGHOUD

Nous commençons la série des monographies paléontologiques par celle d'un point singulier de la région montagneuse du Tell, qui se trouve complétement isolé et sans analogie avec aucun autre point de l'Algérie. Malgré son étendue restreinte, il a fourni un nombre considérable d'échinides dont l'ensemble constitue une petite faune très remarquable par la combinaison de ses genres et surtout de ses espèces, qui paraissent toutes spéciales à ce gisement et y sont représentées par un nombre vraiment prodigieux d'individus. Les fossiles des autres types organiques y sont presque tous d'une rareté extrême et d'un très petit nombre d'espèces, dont le mauvais état de conservation rend la détermination extrêmement incertaine. C'est là la raison qui a fait restreindre cette monographie au type des échinodermes.

Cette localité n'a encore été l'objet d'aucune publication, sauf quelques citations dans mes publications sur la géologie de l'Algérie. Elle a été cependant assez souvent visitée par les naturalistes. Je l'ai examinée rapidement une première fois au printemps de 1860. Plus tard elle a été l'objet des recherches détaillées de Nicaise, géologue du service des mines d'Alger, puis visitée par MM. Paul Marès, Letourneux et Bourguignat; ce dernier en a donné une coupe dite théorique, mais tout à fait fantaisiste. MM. Mac-Carthy et Letourneux, dans une tournée archéologique, ont encore eu l'occasion d'y récolter de nombreux oursins. Plus récemment encore, j'en ai fait une étude très détaillée pour compléter les documents de ce travail, en compagnie de M. Ficheur, préparateur de mon cours et l'un des collaborateurs principaux de la carte géologique.

I

NOTICE STRATIGRAPHIQUE

Le Kef Ighoud (quelque fois aussi nommé Ghoul) est situé à 20 kilomètres en ligne droite et au S.-SO de Téniet-el-Had, au point de partage des eaux qui vont d'un côté vers le sud, par la vallée de Toukria au Nahr-Ouassel très proche et de l'autre vers le nord, au bas Chelif par l'Oued-Fodda. Il culmine à la cote 1550 ", ayant devant lui vers l'Ouest quelques sommets qui n'atteignent pas 1300", d'autres vers l'Est qui ne dépassent pas 1400". Vers le Sud et le Sud-Ouest s'étend la vaste dépression du Sersou, au delà de laquelle se profile la chaîne du Nador, de Tiaret jusque vers Goudjila et Chellala à environ 50 kilomètres. Vers le Nord est une échappée au-dessus d'un massif montagneux dont les sommets, de 1200 à 1300" d'altitude, sont dominés par la masse imposante de l'Ouarchsénis qui culmine à 1980" sous forme d'un colossal vaisseau de cathédrale, surmonté de son dôme conoïde que nos soldats ont baptisé du nom d'Œil du Monde. Vers le Nord-Est, la vue est bornée par le massif forestier du Djebel Endate dépassant 1700" d'altitude et qui, commençant par le Kef Siga, sous forme d'un gros cap avancé, se prolonge au loin vers l'est par Taza jusqu'à la coupure de Boghar.

Le Kef Ighoud est donc un magnifique observatoire entouré d'un vaste horizon et qui n'a pu manquer de servir de station importante pour la géodésie algérienne. Considéré géologiquement, il constitue un point particulier au milieu de ce vaste panorama, dont aucun autre point n'a d'analogie même éloignée avec lui. C'est un très petit îlot de terrain tertiaire inférieur, dont la surface ne dépasse peut-être pas trois kilomètres carrés, et qui se trouve enclavé dans un vaste manteau de terrain tertiaire miocène appartenant à l'étage helvétien.

Ce terrain helvétien est constitué à la base par des grès tendres ou sablonneux, grisâtres, dont les bancs inférieurs renferment des parties noduleuses sous forme de gros sphéroïdes disposés parfois en lits continus et de grosseur variable et présentant quelques zonures ferrugineuses. Les fossiles y sont très rares et toujours à l'état de moules indéterminables. Ce sont ces grès qui entourent de toute part le lambeau éocène pour lui former une ceinture continue. Vers le Nord et vers l'Ouest, on voit nettement leur superposition discordante sur le terrain éocène; mais vers l'Est ils semblent butter par faille contre lui, suivant une direction qui paraît être celle du système du Vercors. Cependant, comme le prolongement de la fracture à travers les assises gréseuses miocènes vers l'angle Nord-Est est très peu accusé et ne paraît pas en déniveler les assises, il y a lieu de penser que c'est un simple contact contre une falaise préexistante, produite peut-être par une faille de cet âge.

Les grès à sphéroïdes supportent une puissante assise de marnes délitescentes grises ou bleuâtres, dans lesquelles on trouve quelques coquilles de ptéropodes, décrites par M. Bourguignat, et d'autres rares coquilles en général très déformées et que ce conchyliologiste considérait à tort comme pliocènes. Ces marnes s'étendent au loin vers l'Est dans toute la zone parcourue par la route de Téniet à Aïn-Toukria, et vers le Sud elles passent sous les atterrissements quaternaires du Sersou et forment sur une très grande longueur la base des berges de la rive droite du Nahr-Ouassel.

Au Nord de la route de Toukria à Téniet-el-Had se dressent les

masses rocheuses plus ou moins escarpées constituées par des grès
assez grossiers, plus ou moins durs, en gros bancs souvent disloqués
et éboulés ou taillés en escarpement par suite du glissement des
marnes et argiles qui les supportent. C'est ordinairement à la base
de ces grès, ou plus exactement dans les premières alternances des
marnes avec ces grès, qu'apparaissent les bancs à *ostrea crassissima*,
un des repères les plus certains de l'horizon helvétien.

Ces bancs de grès, constituant le troisième terme de la formation
helvétienne dans la contrée, se relient à ceux qui forment le sommet
du Djebel Endate et qui montrent leurs tranches vers le Nord dans
toute la zone forestière, où se trouve le plus beau peuplement de
cèdres.

Le terrain helvétien se prolonge vers le Nord-Ouest du Kef Ighoud,
jusqu'à environ 25 kilomètres, représenté uniquement par les deux
étages du bas, qui vont buter contre le pied des reliefs crétacés des
Beni Lassen. Vers l'Ouest un peu Sud, le même terrain se prolonge
par une bande étroite comprise entre le Nahr-Ouassel et les crêtes
basses qui bordent au Sud la vallée de Teguigest pour s'interrompre
au delà du Kartoufa de Tiaret, vers la coupure de la Mina. Dans tout
ce parcours, la formation plonge faiblement vers le Sud; les tranches
des couches gréseuses inférieures s'escarpent plus ou moins vers le
Nord, jusqu'à ce que, au voisinage de Tiaret, la réapparition des
grès de l'étage supérieur, avec les marnes intercalées, vienne donner au massif du Kartoufa la même composition géologique que présente le Djebel Endate. Ici les couches inférieures se modifient en se
mélangeant de marnes et argiles en nombreuses petites alternances
et l'on voit apparaître à la base une mince couche de calcaire plus
ou moins magnésien, renfermant les mélobésies et des oursins, entr'autres *clypeaster crassicostatus*, qui forment un horizon si remarquable dans le milieu ou à la base de la formation helvétienne.

Dans toute cette étendue vers l'Ouest, le terrain helvétien, qui ne représente que la moitié supérieure de la série telle qu'elle est constituée dans les plaines basses du Tell, repose sur les formations secondaires, craie moyenne et inférieure d'abord, puis jurassique supérieur au voisinage de Tiaret. Vers l'Est, au voisinage immédiat de Téniet-el-Had, son substratum est l'Urgonien à orbitolines, le Gault et même le Cénomanien. Mais ici il y a en plus des lambeaux disloqués de couches plus ou moins conglomérées comprenant des poudingues et des sortes de grès à éléments schisteux, qui sont certainement tertiaires et discordantes avec les précédentes auxquelles elles sont antérieures de formation ; elles renferment de grands peignes, des clypéastres, des panopées, qui les font assimiler, ainsi du reste que leurs relations stratigraphiques, aux lambeaux cartenniens qui peuvent se poursuivre jusqu'à Milianah pour jalonner les traces d'une ancienne mer de cet âge. Ce terrain n'a du reste aucune analogie de composition et de faune avec celui du Kef Ighoud.

Dans toute la région qui, au Nord, fait face à la forêt des cèdres, c'est encore sur les couches crétacées que repose directement ce terrain helvétien. Vers le Sud, comme il disparaît partout sous le manteau quaternaire de la plaine du Sersou et qu'il ne réapparaît pas au delà de cette plaine, il est impossible d'en connaître le substratum, et c'est encore, soit la craie cénomanienne, soit le jurassique supérieur, qui émerge vers le Sud dans la chaîne du Nador.

Le lambeau éocène du Kef Ighoud est ainsi complètement isolé et à des distances considérables de tout autre lambeau du même âge. Sa structure lithologique même et sa faune ne sont pas moins remarquables par des caractères spéciaux qui ne permettent la comparaison avec aucun autre gisement éocène de l'Algérie. Il en résulte une très grande difficulté pour la détermination du point précis qu'il convient de lui assigner dans l'échelle des horizons éocènes. A vrai dire, cette détermination même de l'âge éocène repose en quelque sorte sur la seule présence du genre Orbitoïde, et encore, est-ce une espèce probablement spéciale à ce gisement ; et comme il reste douteux que le genre ne sorte pas de la série des terrains éocènes pour remonter dans le miocène, on comprendra qu'il y a encore quelques réserves à faire sur cette détermination.

Cette singulière formation constitue un îlot à surface triangulaire très inéquilatérale, dont le petit côté est vers l'Est et dont le sommet opposé est dirigé vers l'Ouest un peu Nord ; elle est en quelque sorte limitée au massif du Kef lui-même. La partie supérieure toute rocheuse est formée sur une quarantaine de mètres de hauteur de gros bancs de grès marneux ou calcarifères et dont plusieurs sont plus ou moins chloriteux, surtout les plus inférieurs ; quelques-uns dans le haut ont une teinte rougeâtre. Ils se désagrègent plus ou moins facilement sur les tranches exposées aux agents atmosphériques et y donnent lieu à des escarpements caverneux servant de refuge aux pigeons sauvages, d'où le nom de Rocher des Pigeons également donné à la montagne.

La crête est dirigée environ Nord-Sud, formée par des couches monoclinales qui plongent sensiblement vers l'Est, tandis que le front occidental est formé par leurs tranches escarpées. Un faible pli fait relever ces couches vers l'angle Nord-Est et même apparaître une faible partie du substratum qui butte contre les couches miocènes. La surface du Kef, qui regarde l'Est, est plus inclinée que les couches et celles-ci s'y terminent en gradins successifs, de manière que l'épaisseur en diminue vers les parties basses, tandis que son maximum se trouve sous le sommet même.

Sur le versant occidental, les bancs gréseux se superposent à des marnes argileuses grises ou un peu chloriteuses, surtout au voisinage des grès, qui présentent avec elles quelques minces alternances. Ces couches se prolongent vers l'Ouest jusqu'au confluent des deux plis de terrain qui encadrent le pied de la montagne et sont dominés de chaque côté par des collines de grès helvétiens. L'épaisseur de ce

substratum marneux est inconnue, puisque la base n'en est pas visible,
mais on peut estimer à cinquante mètres environ la portion qui est à
découvert. On y observe un peu en dessous des assises chloritées, des
zones plus dures, plus calcaires, qui sont pétries d'orbitoïdes ; et comme ces mêmes fossiles sont abondants à plusieurs niveaux dans les
grès et y constituent même de véritables lits, il n'y a aucun doute sur la
fixation de l'âge relatif de ce substratum qui est inséparable de la
partie qui le recouvre ; ce n'est qu'une assise différente de la même
formation. Le pli signalé à l'angle N.E. fait ressortir sur une très
petite étendue un affleurement de marnes sableuses et chloritées con-
tenant quelques orbitoïdes et où nous avons recueilli un fragment de
dent d'un assez grand Carcharodon, malheureusement trop incomplet pour être déterminé.

Sur le revers occidental, par suite de l'angle que fait la crête de
l'escarpement avec la direction des couches, le contact des grès et
des argiles s'abaisse de telle sorte que, vers l'angle Sud du lambeau
ce substratum a disparu sous le sol. Toutefois, comme l'escarpement
rocheux est resté tout aussi raide et tout aussi caverneux autour de
cette extrémité, il a dû être ainsi démantelé en falaise par l'action
des flots sur ce substratum délitescent, alors sous-marin, et ce singulier rocher devait déjà former un îlot au milieu de la mer helvétienne.

Les animaux mollusques sont extrêmement rares dans ce terrain
et ceux que j'ai pu y recueillir sont tout à fait indéterminables. Une
grande huître sans plis ; une lime d'assez grande taille à costules un
peu inégales, serrées ; une janira assez voisine de forme du Pecten
Micheloti, mais à sillons lisses comme les cotes ; enfin deux peignes
d'affinité douteuse, l'un à cotes lisses peu nombreuses égales à leurs
intervalles, l'autre à cotes et sillons larges finement striés et échi-
nulés squameux. Aucun de ces fossiles ne peut nous éclairer sur
l'âge de la faune dont ils font partie.

Les oursins fossiles, dont l'abondance rend ce gisement extrêmement remarquable, se rencontrent surtout dans une couche située environ vers le milieu de l'étage des grès. Cette couche est constituée par un grès assez grossier, tendre par place et alors plus ou moins chloriteux, qui encroûte les fossiles et oblitère assez souvent les traits les plus délicats des ornements ou de la structure de cette surface. C'est une des assises qui se désagrège le plus facilement sous l'action des agents atmosphériques, et elle donne lieu à des surplombs et à des grottes dans l'une desquelles les échinolampes sont surtout abondants.

Les huit espèces d'échinides qui en proviennent sont toutes spéciales au gisement, ne pouvant par conséquent nous fournir aucun repère stratigraphique. Il y a seulement à faire remarquer que le Sarsella rappelle une espèce de Biarritz, que l'Echinolampas florescens est voisin d'une espèce du nummulitique de l'Inde. Le Clypeaster est à ajouter aux rares espèces éocènes, qui n'ont encore été trouvées que dans les terrains nummulitiques de l'Inde, de l'Egypte et du Vicentin; et c'est une espèce particulière et d'un type très remarquable.

J'ai cherché avec la plus grande attention les nummulites qu'on indiquait en quantité dans ce gisement, et M. Ficheur y a mis également toute son attention. Nous n'avons réussi qu'à découvrir dans une petite assise rougeâtre des parties supérieures des traces peu nombreuses d'une espèce très petite, puisqu'elle ne dépasse pas 1 millimètre de diamètre. Elle est lisse, très convexe, formée de 4 à 5 tours épais avec cloisons très obliques peu serrées, une loge centrale très grande et des filets cloisonnaires presque droits et distants. Elle paraît très voisine du N. Rouaultii.

Ce sont les orbitoïdes qui sont réellement abondantes et qui se rencontrent dans toute l'épaisseur des grès et même dans les argiles de la base. L'espèce paraît être voisine des petites variétés de O. Fortisii; mais elle me paraît en différer par plus d'épaisseur du bouton central, qui coïncide avec un très grand développement de la cellule centrale et des deux ou trois autres qui l'entourent en diminuant de grandeur, tandis que la suite des loges principales est de très petite dimension ne surpassant pas celle des loges latérales. La surface est rugueuse finement granulée ou parfois aréolée sur le bouton ; son diamètre est de 5 millimètres.

Le genre Hétérostégin est représenté par un fragment très nettement caractérisé et je remarque que ce genre, du moins à ma connaissance, s'était jusqu'ici montré pour la première fois dans les terrains miocènes.

On trouve assez fréquemment une petite operculine de 2 à 3 millimètres de diamètre, très mince, lisse, à croissance rapide, avec 2 à 3 tours, dont le dernier porte 12 à 14 cloisons un peu arquées et bien distantes, un peu comme dans l'espèce miocène de Bordeaux, *Operculina complanata*.

Enfin, une coupe de nodosaire d'assez grande taille, mais indéterminable parce que sa surface est inconnue, complète cette série de foraminifères.

Les documents que nous fournit cette faunule de foraminifères sont bien loin d'être concluants pour la détermination de l'âge du terrain du Kef Ighoud. On peut seulement en déduire la présomption que ce terrain doit se rapporter plutôt aux parties élevées de la formation nummulitique, ce que semble indiquer également la faunule des échinides, rappelant un peu celle de Biarritz.

DESCRIPTION DES ESPÈCES

SARSELLA MAURITANICA

Pl. I, fig. 6-7. — Pl. II, fig. 5-6.

J'ai créé ce genre pour des oursins qui sont très voisins des Lovenia, dépourvus comme eux de fasciole péripétale, mais pourvus d'un fasciole interne et d'un fasciole sous-anal, ce dernier encadrant un écusson portant deux paquets de longs radioles correspondant à deux groupes de gros tubercules. Il en diffère par ses pétales disposés en étoile et non en double croissant opposé, par son fasciole interne bien plus court, et surtout par ses tubercules principaux simplement scrobiculés et non insérés latéralement à une forte ampoule interne.

Il a aussi quelque analogie avec Echinospatagus et le sous-genre Echinocardium, tels que je les ai limités dans mon Genera, qui ont quelques gros tubercules et pas de fasciole péripétale, mais ces derniers sont plus gibbeux, et leur fasciole sous-anal est double, une partie remontant en croissant autour du périprocte et l'autre entourant un écusson cordiforme aigu vers le bas et dont les tubercules sont autrement disposés.

Oursin cordiforme, peu élevé, caréné sur le dos dans sa partie postérieure, présentant un méplat un peu gibbeux bordé par le fasciole interne, d'où un sillon évasé descend pour échancrer le bord, et se prolonger jusqu'à la bouche. Dessous concave en avant, gibbeux à l'arrière. Péristome semi-lunaire, un peu labié, situé devant le tiers antérieur. Plastron large et lisse, tuberculé seulement à sa partie postérieure au devant de l'écusson sous-anal, dont les détails sont oblitérés sur nos exemplaires et ne laissent que présumer pour cette partie et le périprocte une grande analogie de structure avec le Sarsella sulcata ; bords du plastron couvert de gros tubercules scrobiculés dont les extérieurs et les postérieurs diminuent de volume.

Apex de spatangue situé aux 2/5 antérieurs. Pétales antérieurs très divergents, en forme de lancette épointée, à zone porifère antérieure tronquée par le fasciole interne, presque oblitéré sur nos exemplaires. Pétales postérieurs bien plus longs, très divergents et rapprochés de la carène dorsale, à zone porifère externe arquée en dehors à son origine.

De gros tubercules fortement scrobiculés au bas des interambulacres pairs et à leur partie antérieure, au nombre de trois à sept dans les antérieurs et de quatre à treize dans les postérieurs, suivant l'âge des sujets ; l'interambulacre postérieur en est dépourvu.

Ce Sarsella diffère du sulcata par son sillon moins profond sous l'ambulacre antérieur et plus ouvert, par ses pétales postérieurs plus allongés, par la gibbosité plus forte de la partie postérieure du plastron, par ses tubercules scrobiculés plus grands et bien moins nombreux dans les sujets de même taille.

Mon exemplaire de S. sulcata de Biarritz un peu déformé a sous ce rapport une assez grande analogie avec un Sarsella publié dans la collection des moules d'Agassiz sous le n° V. 59 et le nom de Lovenia Requienii ; mais ce dernier est encore plus échancré en avant et il est en outre plus allongé avec les pétales antérieurs plus divergents.

Le Breynia vicentina n'est peut-être qu'un Sarsella, car le fasciole péripétale m'a paru n'y avoir pas été reconnu ; en tout cas, si la forme générale de l'oursin et surtout la disposition de ses pétales ont une certaine ressemblance avec notre fossile, on peut l'en distinguer facilement par ses tubercules scrobiculés bien plus nombreux et occupant une plus grande étendue des interambulacres pairs.

Les autres espèces que j'ai énumérées dans mon Genera et qui sont
des formes miocènes ne peuvent non plus être confondues avec l'espèce algérienne.

Dimensions des deux plus grands exemplaires :

Longueur	0ᵐ054	0ᵐ050?
Largeur	0.046	0.046
Épaisseur	0.018?	0.020

Explication des figures :

Pl. I, fig. 6. — Individu de moyenne taille vu par dessous de grandeur naturelle.

Fig. 7. — Autre individu vu par dessus de grandeur naturelle.

Pl. II, fig. 5. — Le même individu vu de profil pour montrer la
gibbosité du plastron.

Fig. 6. — Autre individu de grande taille vu de profil, paraissant
plus déprimé par suite d'usure de la partie postérieure du plastron, de
grandeur naturelle.

SPATANGUS (PSEUDOPATAGUS) CRUCIATUS

Pl. I, fig. 3-5. — Pl. II, fig. 4.

Oursin ovoïde, déprimé, émarginé en avant, un peu atténué et
tronqué en arrière, subcaréné à l'interambulacre postérieur, pourvu à
l'ambulacre antérieur d'un sillon peu marqué, très évasé. Face antérieure un peu bombée en avant et carénée à la partie postérieure.
Péristome semi-lunaire, un peu labié, situé en avant du tiers antérieur. Plastron pourvu de larges zones ambulacraires et nu dans sa
moitié antérieure, tuberculé sur toute la gibbosité de la carène, sous
forme d'écusson lancéolé. Périprocte transversal elliptique, assez
grand au haut d'une très courte aréa déprimée, bordée par le fasciole

sous-anal, qui circonscrit un écusson cordiforme, dont la pointe est en bas sur la partie la plus saillante de la carène. Cet écusson sous-anal porte des pores ambulacraires qui terminent des sortes de sillons séparés par des séries rayonnantes de tubercules.

Sommet ambulacraire situé au tiers antérieur, bien en avant du sommet de figure, correspondant à une dépression qui se prolonge sur les zones porifères postérieures des pétales antérieurs. Ces pétales presque étalés en croix, lancéolés oblongs, à zones porifères déprimées, élargies au bout où le pétale est tronqué ; les postérieurs oblongs, divergents en arrière et rapprochés de la carène dorsale, à peine plus longs que les antérieurs et obtus. L'apex et les pores ambulacraires voisins sont comme dans tous les spatangues. Aucune trace de fasciole péripétale, même sur les sujets dont la conservation ne laisserait aucun doute sur son existence possible.

Tubercules principaux scrobiculés, médiocres, inégaux, épars ou vaguement sériés sur toute l'étendue des interambulacres pairs, au milieu d'une granulation grossière, absents de l'interambulacre impair. Ces tubercules varient en nombre de 7 à 9 suivant les âges sur chaque interambulacre.

Cette espèce semble intermédiaire aux Spatangues vrais et aux Eupatagus et même aux Hémipatagus. Elle a en quelque sorte tout du second, sauf son caractère essentiel du fasciole péripétale. Elle diffère du premier par la structure de l'écusson sous-anal qui est celui des Eupatagus, de même que par la carène du petit bout et de la du plastron. Des Hémipatagus elle a l'absence de fasciole péripétale et la dénudation du plastron ; mais elle en diffère par cette dénudation beaucoup moins étendue, par la carène de son plastron et son sous-anal qui ne rend dans aucune autre forme, celui de Hémipatagus n'étant pas caréné, mais simplement un peu relevé en selle. Fasciole d'après ce que j'ai pu vérifier sur avec un écusson sous-anal qui paraît rapporter plutôt la disposition de sa collerette traversant en bas deux groupes de tubercules qui devaient correspondre à deux paquets de grosses soies.

Maretia me paraît devoir être distingué de Hemipatagus par la disposition de son écusson sous-anal plus conforme à celui de Pseudopatagus; mais la carène du plastron est très peu marquée, et la partie tuberculée de ce plastron est beaucoup plus réduite que dans notre fossile, rappelant la disposition de Lovenia. Toutefois, dans Maretia alta le plastron paraît avoir la même structure que dans Pseudopatagus cruciatus, et peut-être cette espèce vivante devra-t-elle être placée dans le même sous-genre.

Il est possible que, parmi les espèces énumérées parmi les Eupatagus et les Hemipatagus, quelques-unes doivent être rapportées à notre Pseudopatagus, et parmi ces dernières je citerai surtout H. depressus et H. pendulus, qui ont une certaine ressemblance avec notre espèce algérienne; mais chez eux le péristome est bien moins antérieur, les pétales postérieurs plus allongés se rapprochent davantage du bord et dans le dernier ces pétales sont en outre atténués et flexueux à leur extrémité, en sorte que la confusion n'est pas possible.

Dimensions des plus grands exemplaires:

Longueur...	0ᵐ047	0ᵐ043
Largeur...	0 038	0 039
Epaisseur...	0 020	0 020

Explication des figures:

Pl. I, fig. 3. — Individu de taille moyenne vu en dessous de grandeur naturelle.

Fig. 4 — Autre individu un peu comprimé vu en dessus de grandeur naturelle.

Fig. 5. — Autre individu plus petit vu de profil de grandeur naturelle.

Pl. II, fig. 4. — Petit exemplaire vu par derrière de grandeur naturelle.

SCHIZASTER MAC CARTHYI

(Pl. I, fig. 8-9. — Pl. II, fig. 7-9.

Oursin cordiforme, très convexe en dessus, proclive en avant dans presque toute sa face supérieure, un peu obliquement tronquée en arrière avec la région du périprocte un peu surplombante, plastron ovale, lancéolé en saillie sur l'interambulacre pair postérieur dont il est séparé par des avenues ambulacraires étroites et en talus.

Péristome labié rapproché du bord antérieur en arrière des trois sillons où se terminent les ambulacres antérieurs, périprocte ovale verticalement au sommet d'une aréa concave bordée par le fasciole.

Ambulacre antérieur profond se rétrécissant en avant et échancrant le bord, les latéraux antérieurs divergeant entre eux de 76°, presque droits, arrondis au bord, atténués et brusquement coudés vers l'apex, occupant les 2/3 entre le sommet et la marge, les postérieurs obovés, n'égalant pas la moitié des antérieurs, assez larges, peu divergents entr'eux. Apex au 2/5 du bord postérieur ; aires interambulacraires antérieures très convexes, la postérieure saillante et presque carénée, jusqu'à la saillie du périprocte.

Granulation serrée, fine à la face supérieure un peu plus grossière sur les bords en dessous ; celle du plastron également serrée, de plus en plus fine en arrière, fasciole péripétale étroit, flexueux, le latéral également étroit, linéaire, mais très visible, à granulation excessivement fine arrivant à la face postérieure au niveau du périprocte et circonscrivant l'aréa déprimée qu'il surmonte.

Cet oursin a une grande analogie de formes générales avec Schizaster saillei, mais sa granulation est beaucoup plus fine et ses pétales antérieurs sont plus droits. La manière dont il se rétrécit en arrière pour finir en pointe le différencie des espèces d'Egypte et de l'Inde. Sch. rimosus en serait plus voisin et son contour est à peu près le même, mais ses ambulacres sont bien plus étroits, croisés à angle droit, non courbés vers l'apex, les sillons paraissant continus d'un côté à l'autre entre les deux paires, le sommet du profil est plus antérieur. Sch. vicinalis a à peu près le même profil, mais il est plus brusquement contracté en pointe à l'arrière, ses pétales sont moins inégaux et les antérieurs sont plus courts. Les autres espèces que je connais en diffèrent encore bien plus.

Dimensions du plus grand exemplaire :

Longueur .... 0^m060
Largeur 0 055
Hauteur 0 035

Explication des figures :

Pl. I, fig. 8. — Individu de petite taille, un peu usé devant les ambulacres mais non déformé, de grandeur naturelle, vu en dessus.

Fig. 9. — Autre individu de grande taille un peu déformé, vu par dessus de grandeur naturelle.

Pl. II, fig. 7. — Le même vu en dessous de grandeur naturelle.

Fig. 8. — Le même individu que fig. 8, pl. I, vu de profil et de grandeur naturelle.

Fig. 9. — Un jeune individu un peu déformé présentant quelques différences qui peuvent résulter de déformation.

PERICOSMUS NICAISEI

Pl. I, fig. 1. — Pl. II, fig. 1-2.

Oursin ovale cordiforme, échancré en avant par un large sillon ambulacraire, tronqué en arrière. Face supérieure subpyramidale-conoïde, à sommet presque central; face inférieure presque plane, avec plastron à peine marqué par de faibles dépressions ambulacraires et émarginé à l'arrière.

Péristome labié près du bord antérieur; périprocte grand, elliptique, en travers au-dessus d'une aréa transverse et déprimée, à bord supérieur un peu en surplomb. Apex de micraster à madréporide entre les pièces génitales (non rejeté en arrière comme dans les spatangues), logé dans une dépression formée par la saillie des interambulacres; sillon antérieur profond, évasé et élargi en avant, pétales droits, bien creusés, linéaires, divergents en étoile, les postérieurs plus courts de 5 à 6 paires de pores que les antérieurs.

Fasciole péripétale peu flexueux, réunissant les extrémités des pétales. Le marginal très grêle, mais bien distinct et restant à 5 $^{m}/_{m}$ de la marge, tubercules petits, peu serrés, au milieu d'une granulation fine, ceux du dessous vers les bords et sur le plastron, presqu'égaux, également petits, plus rapprochés sur le plastron qui est assez étroit.

Cet oursin est intermédiaire pour les proportions au P. latus, mais il en diffère par la proportion et la forme de ses pétales plus étroits et moins profonds. Le P. montevialensis a ses pétales plus inégaux et son pourtour est contracté en arrière.

Dimensions d'un exemplaire moyen :

Longueur....... $0^m 058$
Largeur........ $0\ 050$
Hauteur........ $0\ 024$

Explication des figures :

Pl. I, fig. 1. — Oursin vu en dessus de grandeur naturelle.
Pl. II, fig. 1. — Le même vu en dessous.
      fig. 2. — Le même vu de profil.

PERICOSMUS SUBÆQUIPETALUS (NICAISEI, var. ?)

Pl. I, fig. 2. — Pl. II, fig. 3.

Cet oursin diffère du Pericosmus Nicaisei par une situation bien plus antérieure du sommet apicial, reporté en avant des 2/5 antérieurs, par son profil plus fortement proclive en avant plus élevé, par le sommet des interambulacres antérieurs plus saillants en forme de tubercules, par les pétales postérieurs presque aussi longs que les antérieurs. Ils sont, du reste, de même forme et de même profondeur, le plastron aussi ne paraît pas différer essentiellement; de sorte que je me demande si ce n'est pas une simple variété de l'espèce précédente. Il est vrai que les mêmes différences se reproduisent sur un deuxième exemplaire, et comme, en somme, les détails de structure de la surface sont assez oblitérés, il y a lieu de réserver une détermination ultérieure.

Dimensions :

Longueur	0 054
Largeur	0 052
Hauteur	0 034

Explication des figures :

Pl. I, fig. 2. — Oursin vu en dessus de grandeur naturelle.
Pl. II, fig. 3. — Le même, vu de profil.

ECHINANTHUS BADINSKII

Pl. II, fig. 10. — Pl. III, fig. 3.

Oursin subglobuleux, demi-ovoïde, très convexe en dessus, un peu atténué et arrondi en avant, sensiblement contracté en arrière, concave en dessous avec les bords fortement pulvinés et deux larges dépressions au passage des ambulacres postérieurs de manière à produire un rostre de pygurus émarginé au bout.

Péristome [un peu en avant du milieu pourvu d'un floscile (mal conservé) dont les bourrelets sont en mamelons saillants. Périprocte petit, elliptique suivant l'axe, très haut, placé sous une faible saillie subcarénée de l'interambulacre postérieur, et au sommet d'un sillon qui s'évase et s'élargit vers le bas en émarginant le pourtour; la face postérieure étant un peu déclive, le périprocte est visible d'en haut. Apex au sommet de figure au 1/3 antérieur, ambulacres pétaloïdes égaux, à fleur de test, lancéolés-linéaires tronqués au bout, assez courts, à pores bien conjugués, dont les zones égalent environ la zone interporifère; tubercules scrobiculés, très petits et rapprochés.

Le seul exemplaire que je possède est un peu déformé et incomplet d'un côté. Sa petite taille, la forte obliquité de son bord postérieur, l'épaisseur de ses bords et le fort sinus qu'ils présentent en arrière ne permettent de confondre cette espèce avec aucune autre.

Dimensions :

$$
\begin{aligned}
&\text{Longueur......} \quad 0^m033 \\
&\text{Largeur........} \quad 0\ 027 \\
&\text{Hauteur........} \quad 0\ 020
\end{aligned}
$$

Explication des figures :

Pl. II, fig. 10. — Sujet un peu déformé vu par derrière, de grandeur naturelle.

Pl. III, fig. 3. — Le même, vu par dessus.

ECHINOLAMPAS FLORESCENS

Pl. III, fig. 8-14.

Oursin semi-ovoïde, subémarginé en avant, plus ou moins rostré en arrière, presque régulièrement convexe en dessus ou ayant des tendances à se caréner dans la variété rostrée. Dessous concave plus ou moins pulviné sur les bords et ondulé en trois dépressions qui correspondent aux ambulacres postérieurs et à l'ambulacre impair; celles qui correspondent aux ambulacres pairs antérieurs peu ou pas marquées, les postérieures forment un sinus dans le bourrelet marginal.

Péristome un peu en avant du milieu, au fond de la cavité, subpentagonal à coté postérieur plus long. Floscile superficiel avec des bourrelets obsolètes, mais bien marqué par ses pores. Périprocte transversal, subtriangulaire, touchant au bord, le plus souvent infra marginal, mais parfois visible en arrière.

Apex petit, granuleux, à fleur de test, au tiers antérieur, un peu en avant du sommet de figure; pétales inégaux, l'antérieur plus étroit, peu ou pas élargi, le plus court; les pétales pairs fortement lancéolés, acuminés, surtout les antérieurs, les postérieurs plus longs, tous plus ou moins convexes par suite de la dépression des zones porifères très étroites à zygopores petits et serrés, bien conjugués. Les zones porifères sont égales dans l'ambulacre antérieur, celles des ambulacres pairs antérieurs sont au contraire très inégales; la zone externe se prolonge en s'ondulant au delà de l'interne tronquée d'une quantité de zygopores qui est en général de dix; dans les ambulacres postérieurs la différence est seulement de quatre à cinq.

Tubercules petits, égaux, serrés sur toute la surface supérieure, un peu plus gros et plus largement scrobiculés à la face inférieure.

Cet oursin présente des variations assez considérables qui peuvent se grouper en trois types.

1° Régulièrement convexe en dessus, presque ovalaire, le rostre de la partie postérieure étant à peine marqué (variété typique);

2° Un peu en toit à la partie postérieure, à pourtour presque pentagonal, fortement atténué en arrière, ou plutôt étalé et anguleux à l'arrière des interambulacres pairs postérieurs. Face inférieure peu pulvinée avec les cinq ondulations ambulacraires bien marquées (var. pyguroïdes);

3° Presqu'oblong, très étroit avec le dessus ayant des tendances à se caréner; dessous fortement pulviné; avec la dépression du péristome bien moins étendue; pétale antérieur très étroit. Le bord antérieur du profil est plus fortement tronqué (var. coarctata).

Les particularités si caractéristiques de l'étoile ambulacraire sont constantes dans ces trois formes et ne permettent pas de les ériger en espèces distinctes. Cette espèce a de grandes affinités avec les E. sphæroïdalis et Jacquemonti de l'Inde ; mais il en diffère par ses pétales costés et la face inférieure concave pulvinée. L'E. globulus du Vicentin et d'Egypte a également l'étoile ambulacraire presque semblable pour sa structure, mais ses pétales sont moins lancéolés, moins convexes, les postérieurs sont plus longs et le dessous n'est ni pulvinée, ni concave.

Dimensions des trois variétés :

	Typique.	Pyguroïdes.	Coarctata.
Longueur	0^m044	0^m044	0^m038
Largeur	0 039	0 042	0 032
Hauteur	0 025	0 022	0 021

Explication des figures :

Pl. III, fig. 8. — Grand individu de la variété pyguroïdes vu en dessus, de grandeur naturelle.

Fig. 9. — Individu de petite taille de la variété typique vu en dessous, de grandeur naturelle.

Fig. 10. — Autre individu de la même variété vu de profil, de grandeur naturelle.

Fig. 11. — Autre individu de la même variété vu en dessus, de grandeur naturelle.

Fig. 12. — Individu de taille moyenne de la variété coarctata vu en dessus de grandeur naturelle.

Fig. 13. — Autre individu de la même variété vu de profil, de grandeur naturelle.

Fig. 14. — Autre individu de la même variété vu en dessous, de grandeur naturelle.

ECHINOLAMPAS SULCATUS

Pl. III, fig. 4-7.

Oursin subhémisphérique un peu plus large et plus arrondi en avant, sensiblement rostré en arrière, un peu plus convexe en arrière qu'en avant. Face inférieure concave, un peu pulvinée sur les bords, avec plis superficiels correspondant aux ambulacres, les postérieurs plus marqués, sinuant la marge et produisant un rostre sensible.

Péristome presque central, subpentagonal, un peu transverse, à floscile à peine élargi avec mamelons à peine saillants. Périprocte transversal, elliptique, inframarginal. Tubercules petits et rapprochés.

Apex en petit bouton non saillant avec 4 pores génitaux bien visibles, situé très près et en avant du centre et du sommet de figure. Ambulacres étroits et longs, à zones porifères très étroites, déprimées, ce qui rend la zone interporifère convexe et costée. Les zones interambulacraires se soulèvent et font paraître les ambulacres comme logés dans des sillons. Les zones porifères de l'ambulacre impair sont presque égales et très ouvertes, celle de droite est un peu plus arquée que l'autre près du sommet. Les ambulacres pairs antérieurs sont un peu arqués, la convexité en arrière, leurs zones porifères sont ouvertes et inégales, l'antérieure ayant une dizaine de zygopores en moins; les ambulacres postérieurs presque droits et semblables, sauf pour les zones porifères dont les externes n'ont que 4 à 5 paires de pores en plus.

L'aspect sillonné de la face supérieure de cet oursin, ses pétales atténués vers le haut, longs et étroits ne permettent de le confondre avec aucune autre espèce discoïde.

Je n'ose en distinguer un autre oursin bien plus grand, plus oblong, dont l'étoile ambulacraire est détruite, ne laissant voir que l'extrémité des pétales construits sur le même type au point de vue des zygopores; la face inférieure est encroûtée et ne peut donner d'autres renseignements.

Dimensions d'un individu moyen et du plus grand:

Longueur	0ᵐ050	0ᵐ065
Largeur	0 043	0 050
Hauteur	0 025	»

Explication des figures :

Pl. III, fig. 4 — Individu de moyenne taille vu en dessus, de grandeur naturelle.

Fig. 5 — Autre individu un peu usé vu en dessous, de grandeur naturelle.

Fig. 6 — Autre individu de petite taille vu en dessus, de grandeur naturelle.

Fig. 7 — Autre individu vu de profil, de grandeur naturelle.

CLYPEASTER ATAVUS

Pl. III, fig. 1-2.

Oursin de petite taille, presque plat, pentagonal avec les angles tronqués et arrondis, faiblement et presque régulièrement convexe en dessus, sauf vers l'apex qui paraît avoir fait une légère saillie. Face inférieure plane, mais inconnue dans ses détails, ainsi que le péristome encroûté. Périprocte petit, rond, inframarginal, un peu en arrière du bord.

Le bord est mince, mais arrondi, obtus et non tranchant. Les tubercules sont partout oblitérés.

Pétales oblongs, sensiblement rétrécis, mais ouverts à l'extrémité, presque à fleur de test, atteignant les 3/5 du rayon. Zones porifères paraissant avoir été un peu déprimées, s'élargissant sensiblement vers le bout, ayant les 2/3 de la largeur de la zone interporifère, les sillons de conjugaison ayant été oblitérés, il reste une rangée interne de pores ronds et une rangée de pores externes en fente. Les zones interambulacraires paraissent avoir été un peu convexes et faiblement costulées en remontant vers l'apex.

L'usure des pétales et leur disposition à fleur rappelant un peu le faciès des Sismondia, j'ai eu quelques doutes sur la détermination générique de ce fossile. Une section transversale a montré l'existence de piliers internes conformés comme dans les vrais clypéastres et a levé tous les doutes à cet égard.

Ce clypéastre ne peut être confondu avec aucune des rares espèces trouvées dans le terrain nummulitique de l'Inde, ni avec le rare Cl. Breunigii du Vicentin et de l'Egypte, dont il exagère le caractère discoïde et scutelliforme.

Dimensions de deux individus :

Longueur.....	$0^m 050$	»
Largeur.......	0 045	$0^m 055$
Hauteur......	0 008	0 011 ?

Pl. III, fig. 1. — Individu un peu fruste, vu par dessus, de grandeur naturelle.

Fig. 2. — Une section polie montrant les piliers internes, de grandeur naturelle.

ERRATA

NOTA

Nos figures n'ayant pas été photographiées au miroir se trouvent renversées par le tirage à l'impression; il est donc utile d'en tenir compte dans l'examen de la structure des apex qui sont asymétriques.

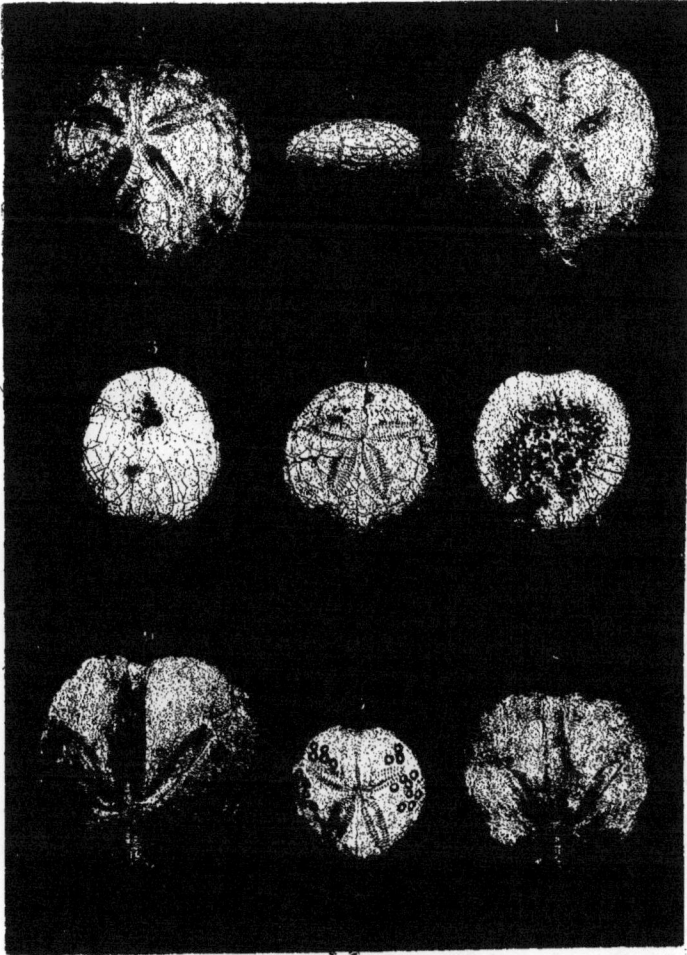

KEF IGHOUD

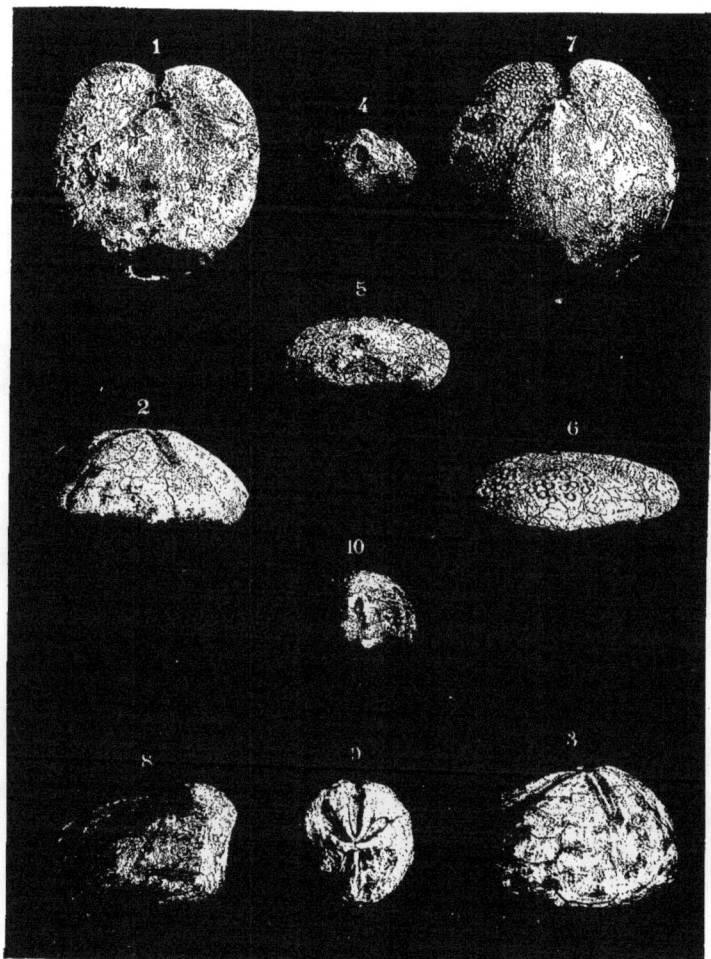

KEF IGHOUD

Pl. III

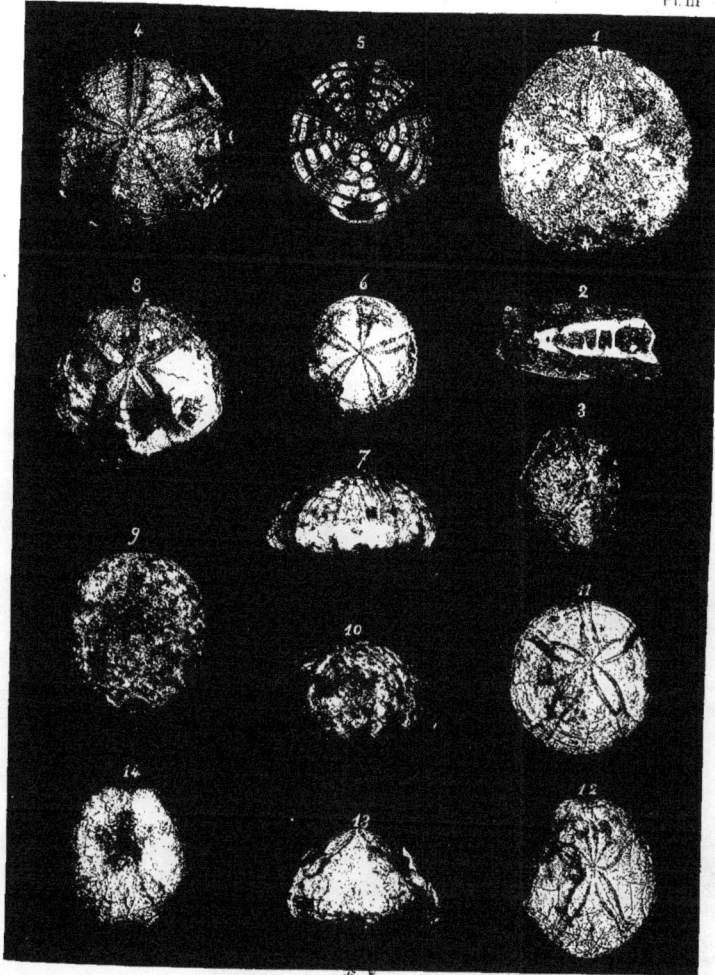

KEF IGHOUD

www.ingramcontent.com/pod-product-compliance
Lightning Source LLC
Chambersburg PA
CBHW060457210326
41520CB00015B/3989